AF494338

RAPPORT
SUR
LES MÉRINOS;
FAITS ET DÉCOUVERTES

Qui paraissent d'un grand Intérêt en Agriculture, et peuvent avoir une influence majeure sur la prospérité future des Fabriques Françaises, comme devenir d'un grand Poids dans la Balance du Commerce;

Par M. le Comte Charles de POLIGNAC, Maréchal-de-Camp, Commandant le Département de l'Eure.

A PARIS,

Chez { ANGELLE, Libraire, Rue de la Harpe, N.° 54.
PIGOREAU, Libraire, Place S. Germain-l'Auxerrois.
M.me HUZARD, Imprim.-Libraire, rue de l'Eperon.

A ROUEN, Chez DUMAINE-VALÉE, Libr., rue du Béfroy.
A CAEN, Chez LEROY, Imprimeur-Libraire, Grand'Rue.
A EVREUX, Chez ANCELLE fils, Imprimeur-Libraire.

1816.

A Evreux, de l'Imprimerie d'ANCELLE fils,
Imprimeur de la Préfecture. — 1816.

RAPPORT
SUR LES MÉRINOS.

A SON EXCELLENCE MONSEIGNEUR LE MINISTRE SECRÉTAIRE D'ETAT AU DÉPARTEMENT DE L'INTÉRIEUR.

MONSEIGNEUR,

IL existe des affaires qu'il est, pour ainsi dire, indispensable de commencer par la fin ; et c'est dans cette conviction que, pour constater les avantages que trouverait l'Etat à encourager la culture des Mérinos, j'ai cru devoir débuter par justifier les résultats qui pouvaient en sortir.

Maintenant qu'ils sont acquis, j'ai pensé qu'il pouvait être utile que, par suite à mon premier Mémoire du 16 de ce mois, j'entrasse dans des détails plus étendus, qui, déjà si bien signalés dans l'important rapport du Comité d'Agriculture, en date du 17 Février dernier, répondent à toutes les objections, et repoussent toutes les préventions sur la délicatesse, la dépense énorme ou la prétendue dégénération de ces animaux ; tandis qu'au contraire, il est constant pour moi, qu'ils tendront toujours au perfectionnement lorsqu'ils seront bien administrés, et deviendront une richesse nationale comme une propriété lucrative sous un Gouvernement paternel, qui accordera les encouragemens légitimes, en ne cherchant sa prospérité personnelle que dans la prospérité de tous.

Je vais donc entrer, Monseigneur, dans les détails que je crois essentiels pour mieux juger cette affaire, en rappelant,

1.° Les procédés anciens que l'on croyait indispensables à la prospérité de ces animaux, comparativement à ceux beaucoup plus simples que j'ai adoptés avec tant de succès;

2.° Je parlerai de quelques améliorations, dont je crois ma propre administration encore susceptible pour atteindre au perfectionnement comme à la propagation vue en grand;

3.° Et enfin, je considérerai cette branche d'industrie sous les rapports bien plus vastes et définitifs de l'intérêt national, en exposant mes idées particulières sur les moyens d'y atteindre très-rapidement.

Et d'abord je dirai, qu'après avoir reconnu dans l'administration à laquelle je succédais, comme dans celle de tant d'autres propriétaires, une dépense trois fois plus forte que dans la culture des troupeaux communs, j'ai cru devoir en étudier les causes et en vérifier la nécessité.

Ce n'a été que par des essais successifs que j'ai assis mon opinion; mais je suis enfin parvenu à mon but; et il n'existe pas de moyens possibles de résister à l'évidence des faits que le soleil éclaire.

Mes troupeaux sont-ils magnifiques? en existe-t-il de plus beaux? obtient-on de plus beaux draps que ceux qu'ils procurent? n'ont-ils pas une supériorité *soyeuse* incontestable sur les résultats des premières piles d'Espagne?

Si toutes les comparaisons sont à mon avantage, et si j'ai en outre considérablement diminué la dépense, je peux enfin démontrer que le mal sortait de faux préjugés, puisqu'ayant découvert la source, je suis parvenu à la tarir.

Il faut d'abord se reporter à des tems reculés, qui justifient, en quelque sorte, beaucoup d'erreurs.

Les premiers propriétaires qui s'occupèrent de ces animaux, n'avaient que des théories, et pas un seul modèle à imiter, puisqu'il n'existait point en France un seul moyen d'adopter les méthodes de l'Espagne.

Ces premiers propriétaires avaient acheté leurs troupeaux par des prix très-considérables : ils devaient donc y attacher la plus grande importance; et attendu que l'opinion la plus générale deniait la possibilité de leurs succès, chacun se persuada que, s'il ne fesait pas valoir par lui-même, tout serait bientôt perdu, d'autant que les fermiers accréditaient encore ces erreurs.

De là des prodigalités sans réflexion, un gaspillage qui portait sur tout, et une dépense qu'on regardait comme indispensable, quand elle était au moins superflue.

Bientôt ces troupeaux venant à s'augmenter, il fallut pourvoir à la nourriture de cette surcharge d'animaux : telle ferme qui, par sa surface, n'offrait que le parcours ordinaire de 200 bêtes à laine, en compta bientôt 600. Pour les y nourrir, on recourut aux prairies artificielles; mais si celles-ci fournissaient à la subsistance, elles ne donnaient pas le parcours; puis, c'était toujours la même herbe : il n'y avait pas le même exercice; le berger ne pouvait pas laisser étendre son troupeau, qui aurait tout dévasté en parcourant des sainfoins; aussi n'en livrait-on qu'une petite portion tous les jours.

Les animaux s'y entassaient; ils y mangeaient avec avidité; ils en étaient à chaque instant repoussés par un chien surveillant, qui leur interdisait de passer la ligne tracée pour la journée ; en un mot, les animaux vivaient, mais ils ne mangeaient pas tranquillement ; et tous les cultivateurs savent, qu'un troupeau tourmenté et qui ne peut pas s'étendre, en reçoit toujours un préjudice notable.

Ce n'est pas tout, il existe une saison marquée par la nature, dans laquelle les troupeaux se rétablissent et acquièrent les forces nécessaires pour bien passer l'hiver. Cette saison commence après la récolte : c'est alors que les troupeaux glanent ; c'est alors que se fait la lutte, et c'est alors enfin que les Brebis se réparent des fatigues de la nourriture précédente, en se disposant à de nouvelles productions.

Or, si le glanage d'une ferme, qui ne doit porter que 200 bêtes à laine, est partagé par 600, rien ne peut réparer le déficit qui en résulte pour leurs forces d'hiver. Les prairies ne dédommagent pas des épis qu'elles auraient ramassé dans les champs ; les troupeaux se remplissent dans les prairies, mais ils se fortifient dans les plaines : un troupeau qui, dans les plaines, deviendra leste et prendra l'air sauvage, sortira des prairies le ventre gros et l'air triste.

Cette manière d'exploiter était donc essentiellement mauvaise ; mais voici encore pour le propriétaire de bien autres inconvéniens :

Pour trouver toutes ces prairies artificielles, il fallait d'abord acheter beaucoup de semences ; ce qui entraînait de grands frais.

Il fallait ensuite désaisonner toutes les fermes : telle ferme qui devait avoir 80 arpens de blé, n'en pouvait plus semer que 50 ; ensuite le nombre des bergers et des chiens venant à augmenter, la grange entière se trouvait mangée ; trop heureux quand, sur la vente de ses débris, on trouvait la suffisance pour payer le régisseur, les gages des valets et ceux des bergers, enfin l'impôt et tous les frais qui dépendent du fesant-valoir ; en sorte que le maître se trouvait tout au moins à découvert du fermage entier.

D'un autre côté, et dans ces sortes d'exploitations, tout appartenait aux moutons ; ils disputaient l'avoine aux chevaux comme la pâture aux vaches. L'avoine et une partie des menus grains se réservaient pour la provende à donner aux agneaux ou aux brebis faibles : la vacherie n'avait la plupart du tems que la desserte des moutons ; l'écurie et la vacherie en dépérissaient d'autant ; les visites du maître venaient ensuite absorber le reste de l'économie rurale en dévorant la basse cour.

Et contre ces dépenses certaines, le propriétaire n'avait de recours que sur le produit de ses troupeaux.

D'où il devient évident qu'il gagnait beaucoup moins durant la faveur, et qu'il perdit tout quand leur discrédit arriva.

Ce fut dans ces dernières circonstances que les troupeaux que je possède tombèrent à ma charge; il fallut donc chercher un moyen de diminuer le mal; et voici les calculs qui servirent de base à ma nouvelle organisation.

Je remarquai qu'année commune, un troupeau de brebis indigènes, rapportait à peu près douze francs par tête au fermier; que de ce profit il devait défalquer la nourriture du berger et ses gages, qu'il était en outre forcé de commencer par mettre en dehors le prix d'acquisition du troupeau, et qu'il avait de plus contre lui, toutes les chances de la mortalité.

J'observai ensuite qu'un troupeau de cette espèce était cependant moins dispendieux que les miens qui, plus précieux, devaient être mieux soignés, et surtout les agneaux pour en faire de bons élèves, ceux-ci entraînant la nécessité de quelques provendes et de jeunes sainfoins au printems; ainsi, cette exigeance voulait récompense de prix.

Ce fut sur des faits aussi simples que je basai mes calculs ; et débutant par de petits essais successifs, qui tous m'ont parfaitement réussi, voici l'administration définitive que j'ai établie :

Je donne vingt francs de pension par tête de brebis portière, son agneau compris, d'une saint Michel à l'autre.

Les fermiers sont chargés de tous les frais de bergers, de médicamens et de nourriture ; ils sont également chargés des frais de tontes, et même de me transporter mes laines à la ville voisine ; et contre ces obligations de leur part, je paie deux mille francs par cent brebis.

Moyennant ce prix une fois payé, tout m'appartient, le fermier n'a droit à aucun partage, tous ses droits sont épuisés par le paiement de deux mille francs, et il n'a jamais un seul mémoire à me présenter ; en sorte que ma dépense la plus extrême est, quoiqu'il arrive, fixée un an d'avance.

Je leur passe en outre cinq pour cent de perte sans déduction de prix, c'est-à-dire que celui qui me représente au moment de la tonte quatre vingt-quinze brebis bien portantes, est payé de cent ; mais tout ce qu'il me présenterait en moins, serait d'autant en diminution, et de même à vingt francs par tête de brebis.

Je marque mes animaux; et faute de l'animal, il faut qu'on m'en représente la peau.

Rien ne se fait dans mes troupeaux que par mes ordres; je fixe la tonte qui ne peut avoir lieu qu'en ma présence; je réforme, je remplace, je choisis et désigne tous les béliers de lutte.

S'il survient une maladie épidémique, les fermiers sont tenus de m'en prévenir à l'instant, faute de quoi ils me seraient passibles du prix des animaux au plus haut cours qu'ils auraient cette année-là.

Ils me sont également passibles des résultats d'une galle invétérée comme du mauvais état du troupeau, par suite de défaut de soins et de suffisante nourriture; le tout à dire d'experts.

Mes baux ne sont jamais que pour une année, ce qui tient les fermiers dans une surveillance perpétuelle; et il est dit dans mes marchés, qu'en se prévenant deux mois d'avance, les parties peuvent se séparer sans se devoir aucun dédommagement.

Je me réserve la liberté absolue de faire dans la saison des ventes, telle mutation que bon me semble, en retirant tel nombre d'animaux qu'il me convient, comme d'ordonner tous les échanges de troupeau à troupeau ; en sorte qu'aussitôt après le servage, je peux séparer tous les agneaux mâles des agneaux femelles, et même les classer selon leur force. Ainsi, rien n'entrave, comme on le voit, toutes les opérations intérieures qu'exigent des troupeaux bien tenus, quoique je me sois écarté des routes ordinaires.

J'ai encore eu le soin de disposer mes troupeaux par arrondissement, de manière à ce que toutes les mutations et échanges puissent se faire, sans exiger plus d'une heure de voyage, observant de donner aussi dans chaque ferme quelques bêtes de moins qu'elles n'avaient l'habitude d'en passer d'hiver en bêtes de pays ; et s'il y a dans mon administration quelques exemples contraires à cette importante attention, ils sont rachetés par quelques considérations particulières qui en réparent tous les inconvéniens.

J'évite par-dessus tout les herbages et les fermes situés en pays aquatiques ; j'interdis absolument les herbages, et ne les tolère que dans la grande sécheresse, où ils deviennent alors d'une très-grande utilité ; mais j'en crains tellement les abus dangereux, qu'il n'existe que deux de mes troupeaux dans une ferme où il y en ait, et où je suis assuré qu'on observe mes instructions, et qui rachète cet inconvénient par des pâtures sur des côteaux très-secs et même arides. L'herbage n'est autorisé que durant quelques heures de la journée dans les tems secs, sans quoi je défends absolument que mes troupeaux y entrent.

Je paie un prix différent pour les bêtes qui ne nourrissent pas ; je donne quinze francs de pension annuelle par tête de bélier d'âge, parce que ceux-ci plus forts, exigent plus de terrein, dépouillent davantage et demandent plus de soutien d'hiver à la bergerie.

Je ne donne que douze francs de pension pour les moutons de tout âge ou élèves de l'année précédente ; et, à l'époque de la S.t-Michel, j'organise définitivement mes troupeaux d'hiver, observant de classer ensemble les animaux de même force, afin que chacun d'eux soit en état de défendre sa place au ratelier.

Tout ce qui est demeuré chétif et qui ne s'est pas remis par le glanage de la moisson, est alors proscrit définitivement, et envoyé chez le boucher pour le prix quelconque qu'il en veut donner ; car de tels animaux ne produiraient que de mauvaises toisons ou de mauvais élèves, et appauvriraient insensiblement l'essence du troupeau.

Par ces moyens si simples, tout cultivateur verra

que, sans faire valoir par moi-même (ce qui est la plus grande de toutes les folies), je suis tout aussi maître des opérations utiles dans mon administration intérieure, qu'on puisse jamais l'être dans le fesant-valoir le plus despotique ; et c'est ainsi que j'ai réduit à trente mille francs de dépense annuelle, ce qui en coûtait quatre-vingt mille.

Or, si mes troupeaux ainsi conduits, offrent aux yeux de tout le monde ce qu'il y a de plus magnifique et de plus vivant, on conviendra que j'ai vaincu les préjugés les plus nuisibles à la propagation ; et cela est si vrai, qu'aujourd'hui je placerais deux cents troupeaux à dix lieues à la ronde de mon établissement, tandis qu'il n'existait pas de Province en France où l'antipathie fût dernièrement poussée plus loin contre les Mérinos, que dans les environs de Caen, où les miens sont établis.

Quant au mode de paiement pour la pension de mes troupeaux, je me suis encore réservé toutes les facilités qu'exigeait la prudence.

Je récolte à la S.t-Jean, et je ne suis tenu de payer qu'à Noël ; je me donne ainsi toute la latitude pour réaliser mes laines ; et il arrive encore qu'ayant ma fabrique attitrée, et consacrant avant tout, le produit de ces mêmes laines à solder les pensions, bien que je ne sois tenu de payer qu'à Noël, je peux payer en détail beaucoup plutôt, parce que je vends en fabrique, sous la condition de paiemens successifs, mois par mois, ce qui arrange singulièrement bien le fabricant, me dispense des escomptes, et me donne la faculté de payer avant l'échéance, les fermiers les plus nécessiteux.

Nonobstant les avantages que je me suis réservés, j'aurais pu payer des pensions encore moins fortes; maintenant on vient me les offrir, mais je ne le veux pas, et la raison en est bien simple :

Il est indispensable d'intéresser les fermiers si l'on veut s'assurer de leurs soins, et être en droit de se rendre exigeant vis-à-vis d'eux.

Il faut, pour que la chose marche, les mettre en émulation, et même en rivalité les uns contre les autres; il faut qu'à l'époque de la tonte, chacun d'eux soit en crainte du jugement que je vais porter; et, attendu que je sais que celui auquel je confie cent brebis, y gagne quatre à cinq cents francs de plus qu'en bêtes de pays, tout comme celui auquel je donne cent élèves et en proportion y gagne de dix louis à cent écus, tous attendent ma sentence qui en serait une réelle pour eux, puisqu'indépendamment de la perte de ce gain, ils auraient de gros fonds à sortir de leur poche pour se procurer un troupeau de bêtes du pays, si je venais à leur retirer les miens.

J'avais aussi dans mon ancien fesant-valoir plusieurs bergers très-habiles, sujets excellens, et il fait encore partie de mes conditions, que tel berger suivra tel troupeau. J'ai disposé ces bergers plus habiles de telle sorte, qu'ils se joignent dans les champs à d'autres qui le sont moins ; et comme ce sont mes hommes de confiance, je leur donne une autorité de surveillance sur leur arrondissement.

De ces moyens si simples, résultent, sans aucuns frais, une exploitation tout à-la-fois uniforme et sage, et si j'accorde certaines récompenses à titre de *pour boire*, je les mesure sur les succès de tel ou tel berger.

Tels sont, Monseigneur, les détails essentiels dans lesquels j'ai cru indispensable d'entrer, parce qu'en agriculture, l'expérience écrase toutes les théories, et qu'on n'y fait de progrès que par l'expérience. Je n'ai pas voulu qu'il restât une objection scholastique à opposer à ma méthode, et j'ai cru devoir l'expliquer dans toutes ses ramifications, par la raison qu'elle deviendra, selon moi, le principe essentiel d'une grande culture, et que ce ne sont encore que les grandes cultures qui atteignent les résultats importans.

Comme ce ne seront jamais de petits troupeaux qui formeront des piles, comme il n'y a que les piles connues qui datent en fabrique, et que c'est l'état que j'envisagerai bientôt dans mon système, j'ai dû indiquer comment nous pourrions préparer les piles françaises, et les former non-seulement de la mère-souche, mais aussi de ses émanations, ainsi que je vais encore l'indiquer, après avoir assis les principes sur lesquels se basent mes raisonnemens.

Lorsqu'un Gouvernement se fait entrepreneur, il perd tout.

C'est notamment en matière d'agriculture que les essais sont plus nuisibles.

L'industrie agricole ne tolère aucune entrave; les lois organiques qui la gênent, arrêtent son élan, et masquent, presque toujours, les calculs secrets des intrigans.

Une île, comme l'Angleterre, qui posséderait une propriété indigène, que la Providence aurait refusée aux autres climats, aurait raison d'en proscrire la sortie, autrement qu'en matière fabriquée; mais en terre ferme, j'estime que c'est une faute; et l'Espagne, par sa construction, était la seule puissance en Europe qui put s'assimiler à l'Angleterre.

Aussi ai-je toujours pensé, ai-je toujours combattu, et demeurerai-je encore persuadé que ce fut une loi mal conçue que celle de 1814, qui, transigeant avec tous les partis, a défendu l'exportation de nos brebis, a mis un impôt sur l'exportation de nos laines, et n'a soumis l'introduction des laines étrangères qu'à un droit de balance.

Contre qui porte cette loi, si ce n'est contre l'agriculteur ?

Et en faveur de qui est-elle rendue, si ce n'est en faveur du monopole sur les laines ?

Je supplie que l'on écoute ma démonstration :

D'abord s'il est vrai que six livres de laines en suin, prises dans un troupeau comme le mien, produisent sans en rien distraire, une aune de drap pareil à celui que j'ai l'honneur d'exposer aux regards de Votre Excellence ;

S'il est vrai que la fabrication entière, couleur comprise, à partir du dos de l'animal, jusqu'à l'entrée dans la boutique, et la laine au prix de cinquante sous en suin, cette aune de drap, dis-je, ne coûte que trente francs, et se vend de quarante-cinq à cinquante-quatre en fabrique ; je ne vois pas la moindre nécessité à maintenir des lois organiques qui empêchent que la laine augmente, quand il serait si simple et si juste que la laine montât de valeur, et que le consommateur obtînt du drap à meilleur marché.

Mais je verrais au contraire beaucoup d'utilité à encourager le rafinement des troupeaux, par le prix avantageux des laines ; et ce ne sera point, à coup sûr, en ruinant les cultivateurs qu'on y parviendra.

Ce ne seront jamais non plus ces sociétés secrètes, se qualifiant du titre pompeux de tiers industrieux (auxquelles nos ancêtres donnaient des noms si différens) qui enrichiront l'Etat : ce seront elles qui en pomperont la substance, en énerveront la force, en ravageront la surface, et qui auraient déjà tué cette branche d'industrie, si l'on n'eût commencé à arrêter leurs entreprises.

Je sais bien que ces calculs si simples ont toujours été écartés par la cupidité particulière de quelques hommes puissans par leurs relations en cette espèce ; mais à la fin tout se démontre, et quand tout sera démontré, les choses reprendront nécessairement leur équilibre.

Sur quels motifs se sont fondées ces Sociétés destructives, pour arracher les conditions nuisibles que je combats ?

Elles ont dit :

Que, pour que nos fabriques pussent soutenir la concurrence des fabriques étrangères, il était urgent de prendre des mesures qui empêchassent l'exportation de nos laines, et favorisassent l'importation des laines étrangères !

Mais depuis vingt-cinq ans on leur a accordé tout ce qu'elles demandaient.

Mais depuis vingt-cinq ans le prix des draps est-il baissé ?

Depuis vingt-cinq ans l'agriculture a-t-elle fleuri entre leurs mains ?

Et quand elles se sont aperçues que les Mérinos se naturalisaient malgré elles, n'ont-elles pas imaginé le funeste décret du 8 mars 1811 ?

Ces sociétaires sont encore ce qu'ils furent et le seront toujours ; et quand la France voudra prospérer, elle n'aura d'autre maxime à adopter que d'en revenir à ce vieil adage de nos aïeux :

« Labourage et pâturage seront éternellement les deux mamelles de la France. »

Il ne faut pas une logique bien profonde pour reconnaître que la faveur des laines fines n'en diminuerait pas la quantité : c'est une chose crucifiante pour la raison que de voir tomber dans de tels piéges.

Croit-on que si la faveur des laines augmentait le produit des troupeaux, ce fut l'instant que l'on choisirait pour s'en défaire ? Quand ces troupeaux étaient au plus haut prix, il n'y avait pas moyen de fournir aux demandes ; et dès l'instant même où ces savans économistes nous ont éclairé de leurs belles doctrines, personne n'en a plus voulu : voilà des points de fait ! Dès lors, les races ont été négligées, le boucher s'est saisi des pièces du procès ; et cependant ils *donnaient* ce que nous vendions fort cher, ce qui néanmoins n'a pas fait mordre à leur appât.

Si nos animaux avaient du débit et un cours favorable, si nous avions cette liberté totale dont les défenses arrêtent le mouvement, alors chacun s'attacherait à augmenter ses souches, parce qu'on s'attache toujours à ce qui rapporte, et il ne faut pas être bien ingénieux pour deviner qu'il y a de l'intérêt à augmenter le fonds qui produit.

Bien loin que les étrangers obtinssent de nous le sacrifice de nos troupeaux, il arriverait qu'on les userait jusqu'à la corde, dans l'espoir de les augmenter ; et il est évident qu'il se formerait trois fois plus de troupeaux résidant en France : ce qui n'y diminuerait pas la masse de nos laines.

Alors les cultivateurs en pure race, trouveraient

leur intérêt personnel à se livrer à ces soins attentifs, qui amèneraient le perfectionnement, que leur détresse actuelle rend impossible.

Cette industrie reprenant faveur, découvrirait-on un bélier rare par l'ensemble de ses qualités? il n'y aurait pas de prix qui arrêtât un grand établissement pour se le procurer.

On aurait alors de quoi payer dans la personne nécessaire d'un inspecteur instruit, les écritures journalières, et cette surveillance habituelle qui amène les observations utiles.

On aurait ses registres généalogiques qui sont une partie intégrale de la perfection des espèces; et si mon intelligence particulière a suppléé de son mieux à une partie de ces nécessités primitives, je me connais encore beaucoup de soins insuffisans, attendu que l'on acquiert tous les jours dans le grand livre de la nature. Mais, pour se porter en avant, il faut des jambes, et le monopole scandaleux qu'on a exercé, a rompu les nôtres.

Je vais maintenant, Monseigneur, sortir des détails, pour passer aux principes généraux, saisis en grandes considérations politiques, et je dis:

Jamais la France n'arrivera à de grands résultats, sans débuter par proscrire le monopole et sans se créer des troupeaux nationaux, qui bientôt enfanteront ce qu'on nomm e des piles.

« La pile de l'Escurial, la pile de l'Infantando, etc. »

Mes troupeaux sont plus fins qu'aucune de ces piles ; et je mets au défi la première pile d'Espagne que l'on voudra choisir, de jetter *cent toisons entières* dans une cuve, et d'en retirer d'aussi beau drap, du drap aussi fin, du drap aussi soyeux que celui qui proviendra de cent toisons entières choisies dans mes troupeaux, en subissant les mêmes procédés, à partir du lavage jusqu'à la fabrication définitive : et j'en soumets l'épreuve à toute l'agriculture française et espagnole, réunie aux fabricans.

C'est ainsi que l'on juge quand on veut connaître la vérité !

Or, si cela est vrai, la France deviendra donc en ce genre, la puissance la plus riche du monde quand elle le voudra.

Mais pour arriver à ce but, il faut commencer par se créer des piles : j'oserais presque dire qu'il suffira de m'imiter ; car j'aurai la mienne avant qu'il soit deux ans ; et je veux rendre à la France cet important service ainsi qu'à moi-même ; l'apprentissage m'a coûté assez de chagrins pour en tirer du moins cette consolation.

Les moyens en sont si simples, que tout le monde peut en faire autant ; et comme je ne pardonne pas les spéculations qui détruisent, je viens indiquer celles qui parviendront à édifier ; et grâce à la probité vraiment patriotique de M. Guillaume *Lemaître*, (l'un de nos plus anciens fabricans de Louviers), j'en suis maintenant assuré.

Ces moyens, les voici :

Pour se créer des piles, il faut que le propriétaire traite directement avec le fabricant.

Si celui-ci, pour se procurer la matière première, continuait à être réduit à traiter avec le spéculateur en laines, jamais nous *n'y* arriverions, attendu que l'intérêt essentiel du spéculateur est de tout confondre.

A l'entendre, le quart de nos plus belles toisons, pouvait à peine entrer dans la confection des beaux draps : il ne nous parlait que de déchets, de parties basses, de réfractions de toute espèce ; c'était le carême prêché par Harpagon ! et pendant ce tems nos toisons toutes entières entraient dans le même drap, et peut-être encore mélangeait-on les productions des plus beaux troupeaux avec la dépouille des plus médiocres, afin d'effacer toutes les traces de la vérité; mais voici mes combinaisons pour mettre un terme à tant d'abus :

Les troupeaux actuels que je dirige, se composent de deux mille quatre cents bêtes. Il en existe en outre, plusieurs autres qui me doivent leur origine, et voilà le commencement de ma pile qui ne compte pas moins de quatre mille animaux, dont plus de douze cents brebis.

Or, comme il n'importe pas moins à M. Guillaume *Lemaître* de s'assurer la même qualité de laines, qu'il est avantageux pour moi de leur conserver la même réputation, il arrive que ce fabricant, après en avoir fait l'épreuve depuis quatre ans, me propose aujourd'hui d'en fixer le prix, en m'ajoutant qu'il les paiera toujours au-dessus du plus haut cours parce qu'elles sont les plus belles, les plus égales et les plus loyalement traitées qu'il ait jamais achetées. Il dit hautement qu'en les sortant de leurs balles, de même qu'en les lavant, il n'y rencontre, ni ces mauvais artifices de bergers qui, logeant leurs animaux de manière à faire monter plus de suin, ne sont pour l'acquéreur, qu'un avis de n'y plus revenir; ni ces petites finesses de mauvaise foi, qui font placer les laines dans les lieux bas et humides, afin d'ajouter à leur poids, celui de l'eau qu'elles y pompent, ni ces parties pailleuses, qui donnent tant de peine à nétoyer, et proviennent du défaut de soins dans la manière d'ordonner les rateliers, ni enfin ces toisons sales qui résultent d'une maladie qui se nomme la décorse, que prennent les animaux dans de mauvais pâturages.

Je lui vends de la laine, et j'en veux un bon prix; je lui dois donc de la laine, et je la lui dois bonne! En me la payant plus cher, il y gagne encore, et nous y gagnons tous deux; parce que dans les relations de cette espèce, les sacrifices cimentent les rapports, et je n'en veux d'autre preuve que la bonne foi avec laquelle il m'a dit la vérité, révélation dont les conséquences deviendront si importantes aux intérêts de la France, pourvu que le Gouvernement veuille en profiter.

Survient-il une année où la nature a donné plus de suin? elle est à mon avantage. L'année m'est-elle moins favorable? il en profite.

Non-seulement ce fabricant me propose de déterminer mes prix, mais il est aujourd'hui si certain de la parfaite égalité de mes troupeaux dans l'ensemble de leur finesse, qu'il me promet d'accorder le même cours aux laines de ceux qui me seront achetés; or, il est facile de juger quelle masse de laines, toutes égales, lui vont assurer de pareilles propositions, et quelle force de garantie cela lui ménage dans ses relations commerciales.

Ces seules conventions constituent ma pile, ainsi que la plus grande faveur à sa fabrique : nous allons nous devenir également nécessaires; et l'énorme avantage que l'on trouvera à m'acheter des troupeaux, quand on participera à mes prix, me donnera pour leurs ventes, la même faveur qu'il retirera de leurs productions.

Vainement l'un de mes acquéreurs chercherait-il à tromper; car d'abord la qualité des laines se connaît au lavage; puis celui qui m'aurait acheté cent brebis, ne pourrait pas fournir deux cents toisons; et comme il suffirait d'ouvrir le registre de mes ventes, pour constater ce que cet acquéreur peut fournir par la progression graduelle des années, il n'y aurait que de bien légers moyens de fraude; et d'ailleurs, en matière semblable, celui qui abuse est bientôt puni.

Voilà donc, avant peu, ma pile connue par une

fabrique, comme une fabrique ne travaillant que sur ma pile ; de là une marchandise accréditée dans le commerce, comme des troupeaux signalés par leurs qualités incontestables : voilà des avantages réciproques, et qui commandent une probité nécessaire.

Il n'y a point là de système, il n'y a que des faits préparés dans le silence, déjà en grande partie exécutés, et qui auront leurs prosélites quand on en aura senti les avantages.

Cette fabrique, assurée de ma pile, aura d'avance le débit de ses draps ; et quand il sera confirmé qu'ils ont une qualité particulière en finesse et en douceur, ils auront aussi un cours particulier au-delà des prix ordinaires. C'est une vigne qui porte toujours le même fruit, avec cette différence qu'elle ne dépend pas, pour la qualité, de celle des saisons.

Rien n'empêche d'autres cultivateurs d'imiter ce que je vais faire ; tout, au contraire, les y invite. Je connais plusieurs troupeaux magnifiques et déjà considérables, qui peuvent adopter mes erremens, qui devraient aussi s'attacher leur fabrique, et qui peuvent se créer leurs satellites. Il leur suffit de prendre pour devise : *soins et loyauté*, et de rompre avec ce tiers industrieux, beaucoup trop industrieux pour nous.

C'est ainsi qu'en remplacement de ces théories abstraites, toujours vides de moyens d'exécution, je propose des idées simples, appuyées de faits réalisés, et dont j'offre au Gouvernement d'ordonner, quand il le voudra, la vérification la plus sévère.

Soit dans mes bergeries, dont on peut constater l'état ;

Soit par la représentation de mes marchés ;

Soit par les livres de fabrique, où se trouveront enregistrés depuis quatre ans le poids de mes laines toujours jettées dans la même cuve, l'aunage qui en est sorti, les échantillons de chacun de ces draps collés au registre, et aussi, années par années, les résultats des premières piles d'Espagne, dont la comparaison peut se faire facilement, puisqu'ils sont à côté.

Or, c'est ainsi, Monseigneur, que l'on constate la richesse d'un pays ; et il ne me reste plus qu'à confirmer ce dont il faut se défendre, si l'on veut entièrement réussir, comme ce dont l'Etat peut encore profiter rapidement, si l'intrigue n'est plus assez puissante pour repousser l'évidence.

La chose indispensable à éviter, et je le répéterai

sans cesse, ce sont les intermédiaires ; parce qu'ils ont prouvé que leur intérêt est de tout confondre.

Que Messieurs les laveurs de laine accaparent nos métis ; qu'ils y adjoignent nos troupeaux mélangés, si leurs propriétaires n'ont pas le bon esprit de sentir que mieux vaudrait pour eux solliciter et alimenter des foires aux laines, qui établiraient à la fin des cours légitimes : j'abandonne aux laveurs une carrière assez vaste, dans laquelle ils peuvent exercer leur intelligence sans nuire essentiellement à la chose publique.

Mais que les grands troupeaux de race s'en séparent à jamais, s'ils ne sont pas résignés à végéter éternellement. Qu'ils comprennent enfin, et que le Gouvernement saisisse que, s'il veut assurer sa conquête, ce sont avant tout les troupeaux de race qu'il doit protéger.

Quand je demande, quand je réclame avec instance que la sagesse du Gouvernement achève de briser nos entraves, il est aisé de voir que ce n'est pas dans l'intention de vendre ma souche aux étrangers ; mais je sollicite en faveur des laines un cours très-avantageux, parce qu'elles y ont un droit certain, calculé dans le prix des draps, et comparé à l'avilissement des matières premières qui les composent.

Je demande le cours avantageux, afin que l'on cultive ; et ce ne seront jamais des intermédiaires vivant aux dépens de tous, non plus que les lois prohibitives qu'ils défendent, qui feront fleurir l'industrie agricole.

Qu'avec les métis soigneusement perfectionnés jusqu'à la sixième ou septième génération, qu'avec des troupeaux mélangés on réalise d'aussi beaux draps qu'avec des troupeaux de pure race, surtout si l'on retranche de la défroque de ces métis les parties inférieures de la toison, je suis loin de contester ce que je crois possible ; mais qu'on ne me parle plus de ces suppressions mensongères dans la dépouille des troupeaux de première classe, quand il m'est certifié et prouvé qu'elles entrent tout entières dans la fabrication. C'est une infidélité que Messieurs les laveurs de laine fesaient à leur conscience, ou tout au moins une découverte échappée à leurs lumières ; c'est une infidélité qui était essentiellement nuisible aux intérêts de l'état ; c'est une découverte que je crois très-importante à publier. Je le prouve, et je le prouverai encore, si l'on veut, à ma tonte prochaine, en présence de témoins et de procès-verbaux que le Gouvernement peut ordonner.

Maintenant qu'ont-ils à répondre? et pourquoi, lorsqu'ils le savaient ou devaient le savoir, refusaient-ils le prix légitime, en fesant en même tems monter le prix des draps? et quel intérêt peut trouver l'Etat à ce qu'ils ruinent l'Agriculture? et combien dès lors ne deviennent pas suspects, sous un Gouvernement juste et éclairé, les efforts qu'ils ont faits *et qu'ils feront encore*, pour nous interdire les moyens de nous soustraire à leur domination.

Il faut donc se séparer d'eux, quand ils n'ont pas voulu permettre que l'on vécut ensemble. C'est aux cultivateurs à se sauver, en sauvant la chose publique, comme à ressusciter ce qui a pu survivre à leurs ravages, et à solliciter des lois de vie, quand ils n'ont fait que porter des lois de mort! Je viens en tracer les moyens, et je poursuis.

C'est en s'attachant toujours aux principes que l'on voit fleurir les Etats; ils s'écroulent, quand ils permettent ou protégent les abus vérifiés; et par exemple :

L'ancienne Manufacture de Louviers devait sa

brillante réputation à l'observation rigoureuse des principes sur lesquels elle fut établie.

Les Fabricans de Louviers étaient assujétis à des Réglemens positifs.

Il y avait des Commissaires-Vérificateurs du nombre des fils, dont la chaîne devait se composer. Mais depuis vingt-cinq ans que, sous le nom de liberté, se sont introduites des licences coupables, depuis qu'au mépris de la sagesse antique, qui s'attachait à mériter comme à conserver les réputations, un Gouvernement militaire, ne connaissant que le fer et des soldats, a d'ailleurs tout souffert, je dirais presque autorisé; du moment que la seule divinité reconnue est devenue l'argent; du moment que ces savans Economistes, en circonvenant le pouvoir, se sont substitués à la probité ancienne, la Manufacture de Louviers a beaucoup perdu de sa réputation. A peine retrouve-t-on quelques traces des anciens principes : elle végète, en se traînant sur ses cendres; et si l'on n'y mettait un terme, la cupidité détruirait enfin les plus sages institutions.

Car comment veut-on, par exemple, que si l'ancienne expérience avait prouvé et déterminé que trois mille deux cents fils étaient nécessaires à la solidité de la chaîne d'un drap de première qualité, on puisse impunément en retrancher cinq à six cents, et qu'il soit aussi durable ?

Il est aisé de concevoir que, si le drap placé sur le métier, ayant d'abord le double de la largeur à laquelle il doit être réduit, on vient à retrancher cinq à six cents fils à la chaîne, il aura bien moins d'épreuves à subir pour parvenir à sa réduction définitive, que celui établi d'après les anciens Réglemens.

Ainsi, il sera moins serré, il aura moins de corps, moins de qualité, il se traversera plus vite étant exposé à la pluie, et sera nécessairement d'un moins bon usage.

On pourra bien, à force de le peigner, retirer de son tissu de quoi masquer les vides réels ; on pourra le lustrer sous la presse, lui donner de l'apparence ; mais il n'aura pas la même plénitude, le même soutien, le même poids, la même solidité ; ce ne sera plus la même étoffe : il sera déjà en partie usé par le peigne avant que d'entrer dans la boutique du débitant ; et comme étant moins serré et contenant moins de laine, il montrera bien plutôt la corde.

De là, le consommateur étranger, sachant qu'autrefois un drap de Louviers devait durer longtems et restait toujours beau, voyant aujourd'hui qu'il n'a que l'apparence et dure beaucoup moins, déserte nos marchés; et c'est ainsi que le commerce, en changeant de direction, prive l'Etat de cet équilibre avantageux, qui doit fixer toute son attention.

Il me semblerait donc, qu'il deviendrait essentiel, d'exiger de deux choses l'une.

Soit que le Fabricant, qui se sert d'un titre qu'il croit lui être utile, fut astreint à se conformer aux anciens Réglemens, ou qu'il lui fut interdit sous les plus fortes amendes, de s'arroger un nom, auquel il n'a essentiellement aucun droit.

Ce n'est pas parce que l'on fabrique dans la ville de Louviers, que l'on fait du drap de Louviers; mais c'est quand on fabrique dans les Réglemens de Louviers: c'est alors seulement qu'on a le droit d'en partager les prétentions et les avantages. Car, partout où la qualité des eaux ne s'opposera point à la nuance des couleurs, on pourra faire du drap de Louviers, si l'on se sert d'ouvriers qui en observent toutes les manipulations. Mais depuis que toutes choses se sont réduites à ce seul point de fait: *gagner de l'argent;* depuis qu'il est libre à chacun d'usurper des réputations, et de regarder en pitié ceux qui estiment qu'il faudrait les mériter, on est réduit à rechercher dans des vertus, en quelque sorte surnaturelles, les traces de l'ancienne loyauté de nos Fabriques, qui seule pourrait leur rendre une prospérité durable.

J'estime donc que la remise en action de nos anciens Réglemens, deviendrait d'autant plus importante, qu'ayant aujourd'hui la certitude que nos matières premières ont une supériorité incontestable en soyeux et finesse sur les plus belles piles d'Espagne; ce serait en tenant la main à l'observation de ces Réglemens, qu'on y réunirait la qualité, et qu'on aurait en outre cette finesse et cet agrément au toucher, qui rendraient aux draps de Louviers une vogue extraordinaire dans le Nord de l'Europe, comme partout ailleurs, et feraient ainsi rentrer en France, ou y réserveraient des capitaux considérables.

Je dis que, pour assurer le service uniforme de ces Manufactures, il faudrait que les Propriétaires de tous les grands troupeaux en bêtes de pure race, maintenant certains de perpétuer leurs qualités, pensassent, à mon exemple, à s'attacher une Fabrique, et visassent à se créer des piles connues :

ce qui ne peut se faire qu'en traitant directement avec des Fabricans.

Je dis, qu'il faudrait ensuite que certaines de ces Fabriques en revinssent, comme autrefois, à essayer les choses de mode, parce que celles-ci ont presque toujours un cours très-lucratif, et qu'objets purement de luxe et d'industrie, il n'y a pas le moindre inconvénient pour l'Etat à le tolérer, et que c'est dans cette espèce seulement que l'on peut permettre des prix excessifs.

Et si nos laines sont plus douces et plus fines; si, quoiqu'en aient dit leurs détracteurs, cette douceur et cette finesse ne les privent pas de leur soutien, ainsi qu'on n'en peut plus douter d'après les résultats que je produis, comme étant uniquement fabriqués avec la laine de nos troupeaux, j'estime encore que, si l'on n'employait que leurs parties choisies dans la fabrication de certaines étoffes de luxe, on parviendrait infailliblement à des découvertes admirables, auxquelles nos Négocians donneraient des prix proportionnels à leur industrie, comme à l'impossibilité de l'imitation soyeuse avec des laines d'Espagne.

Mais, pour atteindre à ce but, si facile à saisir, et que je viens présenter, il faut deux choses préalables :

La première, que le cultivateur reçoive enfin la protection si indispensable à lui accorder, puisqu'il est impossible de s'en passer, et que sans lui, *tout est fini.*

La seconde, de nous créer des piles connues qui, garantissant aux fabricans une succession non interrompue de matières premières de même qualité, éveilleraient leur industrie, et leur assureraient qu'ils peuvent sans danger pour eux-mêmes, se déterminer aux avances considérables qu'exigent toujours les découvertes et la construction de nouveaux métiers.

Une dernière comparaison, Monseigneur, un dernier point de fait va, je l'espère, convaincre Votre Excellence, combien il est urgent de faire cette justice que je réclame au nom de l'agriculture entière, comme au nom des intérêts de l'Etat.

La prime de l'Escurial se vend maintenant à huit mois de date, sur le pied de sept francs cinquante centimes, non compris les frais de transport.

Je viens de la voir, de la toucher, de la comparer à mes laines.

Dans cette prime, il reste vingt pour cent de suin, ainsi qu'il est d'usage en Espagne de les y laisser, et nos fabricans ont besoin de les y trouver pour effectuer le dégraissage définitif, sans lequel elle ne prendrait pas la couleur.

Ainsi, cette prime en blanc revient au moins à neuf francs.

Maintenant trois livres de ma laine en suin, donnent une livre en blanc, quelquefois plus, quelquefois moins, c'est selon l'année.

Mais il existe entre nos deux matières cette différence que, dans celle de l'Escurial, il n'y a que de la prime, et que dans ma laine lavée, la toison entière y est comprise.

Et cependant, Monseigneur, malgré cette énorme différence, je propose encore deux expériences bien simples que l'on peut faire sous trois mois :

La première, c'est qu'en raison de son extrême douceur, ma laine se filera peut-être encore avec plus de facilité.

Puis, si l'on veut, j'offrirai bientôt la double preuve, que cette même prime de l'Escurial, maintenant sur le métier, et qui est magnifique, ne produira cependant point aussi fin ni aussi moëlleux que mes toisons, sans aucun retranchement des basses laines.

Donc nos laines perfectionnées sont infiniment plus fines que celles d'Espagne ; donc il n'est pas juste d'avilir les nôtres, pour les aller payer plus cher aux étrangers ; donc il y a monopole ; donc il convient de nous les payer ce qu'elles valent ; donc étant plus douces, elles offrent beaucoup plus de ressources pour donner naissance à mille fabrications différentes en objets de luxe ou de fantaisie ; donc c'est une richesse nationale des plus importantes ; *donc enfin*, il fut aussi peu décent que barbare d'avoir ruiné le Cultivateur.

Et si l'usage comparatif de nos deux draps, dont je propose encore de soumettre l'épreuve, constate que celui de nos troupeaux a toute la durée, conserve tout le soutien et réunit toutes les qualités des primes espagnoles avec plus de finesse et de douceur, ce procès, qui dure depuis vingt ans, se trouve enfin jugé par suite des vexations, dont j'ai été l'une des plus exemplaires victimes, et qui m'ont réduit à rassembler, pour m'en défendre, toutes les preuves qui vont, je l'espère, tourner en conviction utile pour la grande Société. Mais, craignant que l'on ne vint encore disputer l'évidence aux Cartes d'échantillons que j'ai eu l'honneur d'adresser dernièrement à Votre Excellence, avec mon premier Mémoire, en date du 16 de ce mois, maintenant je lui envoie du drap à l'aune, et il faut aujourd'hui que les antagonistes en contestent la qualité, et en produisent de plus beau, ou confessent la victoire.

Et à ces causes, persistant dans les conclusions particulières de mon premier Mémoire, en date du 16 de ce mois, tout ce que j'ai écrit se réduit à ces quatre mots :

Reconnaître l'évidence, protéger l'Agriculture.

Je suis avec respect,

MONSEIGNEUR,

Votre très-humble et obéissant serviteur,

LE COMTE CHARLES DE POLIGNAC.

Evreux, le 30 Mars 1816.

AVIS AU PUBLIC.

P. S. Je préviens les personnes, qui, directement ou indirectement élèveraient des doutes ou contesteraient un seul des faits contenus en ce Mémoire, que,

POUR TOUTE RÉPONSE,

Je solliciterai à l'instant même une enquête et une commission, devant laquelle je me charge d'en faire faire la preuve légale.

Je ne cache même pas que j'en ai d'avance formé la demande officielle; ainsi MM. les Cultivateurs peuvent s'en tenir pour avertis, et régler leur conduite comme leurs combinaisons en conséquence.

Je dis enfin, que je me charge *avec les toisons entières de ma tonte prochaine*, de faire faire du drap pareil à celui dont les échantillons sont déposés entre les mains du Gouvernement, et vont l'être également entre celle des Comités d'Agriculture de la Seine, de la Seine Inférieure, de l'Eure et du Calvados.

LE COMTE *Charles* DE POLIGNAC.

PIÈCES
A L'APPUI DU CONTENU
DE CE MEMOIRE.

Extrait du procès-verbal de la Société d'Agriculture du Calvados, dans sa séance extraordinaire du Samedi 17 Février 1816.

La commission, après un rapport très-étendu, conclut en ces termes :

« Messieurs,

» De tout ce que nous venons de vous exposer » comme résultats d'observations très-exactes et des » réflexions basées sur des faits devenus palpables » pour chacun de nous, nous avons cru pouvoir » déduire les considérations suivantes :

» 1.° Que les Mérinos sont susceptibles de s'alimenter dans notre pays, et d'y conserver dans toute leur pureté, les précieux avantages qu'ils offrent sur les moutons indigènes ;

» 2.° Le peu de succès des premiers établissemens

qui ont eu lieu en ce genre, est provenu des modes vicieux de leur culture, et s'est toujours développé sous l'influence de circonstances étrangères à la nature particulière de ces animaux;

» 3.° Par la méthode qu'emploie M. De Polignac, et qui le dispense de tout fesant-valoir personnel, les bénéfices qu'il obtient sont toujours assurés au moyen de l'ordre et de la belle harmonie qu'il a introduits dans son administration;

» 4.° Un établissement de ce genre cumule des avantages immenses qu'on ne pourrait rencontrer dans la culture d'un seul troupeau. Il donne la précieuse facilité de faire un beau choix des individus destinés à la propagation, ce qui assure incontestablement les moyens de maintenir la race dans toute sa pureté;

» 5.° La conservation et l'extension de cette intéressante culture, offriraient à la France, et particulièrement à notre Province, des ressources immenses, puisqu'elle est déjà en possession d'alimenter la belle manufacture de la contrée; et que sa propagation, en amenant graduellement une diminution du prix de nos draps, leur assurait chez l'étranger une prépondérance qui deviendrait pour le Gouvernement et les particuliers une source importante de prospérité ;

» 6.° Il ne s'agit point ici d'essayer une théorie plus ou moins séduisante, mais de suivre une route tracée avec tant de succès par M. De Polignac, dans des circonstances où tout semblait se réunir pour arrêter un courage et une pénétration ordinaires ; ce qui a bientôt renversé des objections qu'opposaient toujours l'ignorance et la mauvaise foi ;

» 7.° On doit à M. De Polignac des témoignages publics de reconnaissance pour avoir eu le courage de lutter avec autant de persévérance contre les circonstances désastreuses amenées par la guerre, l'introduction en France de laines d'Espagne, et plus particulièrement par l'inconcevable décret du 8 Mars 1811, puisqu'il est demeuré constant qu'il en a éprouvé des pertes énormes ;

» 8.° Enfin, Messieurs, nous regardons comme un devoir pour les sociétés, d'appeler l'attention du Gouvernement sur cette précieuse branche d'industrie nationale, de lui signaler les encouragemens qu'il pourrait accorder pour assurer un succès dont il sentira bientôt lui-même les heureux résultats, et les raisons qu'il aurait d'accorder une protection spéciale à l'établissement de M. De Polignac, qui, par sa beauté, peut être le modèle de semblables établissemens, et la source première où ils pourront puiser les élémens de leur future prospérité.

Signé Thierry père, Demontfleury, De Magneville; Le Sauvage, *Rapporteur.*

La Société adopte le rapport et les conclusions; elle arrête en outre que copie du procès-verbal de la séance sera adressée à M. De Polignac.

Signé De Magneville, *Président la séance*; Prudhomme, *Secrétaire.*

Certifié conforme au procès-verbal de la séance extraordinaire du Samedi dix-sept Février mil huit cent seize.

Signé R. S. Prudhomme, *Vice-Secrétaire.*

COPIE

De l'attestation qui se trouve annexée aux Cartes d'échantillons déposés au Ministère, et placés sous les yeux du ROI, à l'appui du premier Rapport de M. le Comte Charles De Polignac, en date du 16 Mars dernier.

« Nous soussigné, Guillaume *Lemaître* et Compa-
» gnie, anciens manufacturiers, fabricans de draps
» à Louviers, certifions à qui il appartiendra,

» 1.° Que les échantillons ci-joints sont tous fabri-
» qués avec les laines du troupeau de M. le Comte
» Charles De Polignac, Maréchal-de-camp, Com-
» mandant le Département de l'Eure;

» 2.° Que depuis quatre ans que nous achetons
» et fabriquons ses récoltes, nous avons remarqué
» une gradation annuelle dans l'amélioration de ses
» troupeaux qui ont atteint un degré d'égalité re-
» marquable;

» 3.° Que cette finesse est telle que, pour rendre
» hommage à la vérité, nous devons convenir que
» nous avons employé dans la fabrication des draps,
» dont les échantillons sont ci-joints, *la totalité de*
» *toutes les parties de la toison sans en rien distraire*;

» 4.° Qu'il n'est pas entré dans la fabrication des » draps ci-joints une seule once de laine étrangère » audit troupeau ;

» 5.° Que nous n'avons jamais trouvé en France » un seul troupeau qui atteignît la même et parfaite » *égalité de finesse ;*

» 6.° Que nous n'avons jamais rien acheté de plus » parfait dans les plus belles laines d'Espagne qui, » peut-être même ne produisent pas aussi soyeux, » ainsi qu'on peut s'en convaincre par les plus beaux » résultats comparés ;

» 7.° Et enfin, que ce troupeau est ce que nous » connaissons de plus parfait mis en fabrication ; et » que la qualité des laines étant pour nous le gage » certain de la bonne santé des animaux qui les por- » tent, nous regardons ces troupeaux comme l'une » de nos plus précieuses acquisitions nationales pour » l'industrie des manufactures Françaises, et par » conséquent la plus faite pour attirer les regards » éclairés, comme la protection spéciale du Gou- » vernement.

» En foi de quoi, nous avons signé pour » authenticité de tous les faits sus-mentionnés.

» Louviers, le 13 Mars 1816.

» *Signé* Guillaume LEMAÎTRE.

» Vu pour légalisation de la signature ci-dessus
» apposée pour être celle de M. Guillaume *Lemaître*,
» fabricant en cette ville, par nous Maire de ladite
» ville de Louviers, le 14 Mars 1816.

» *Signé* Timoléon COCQUEREL.

» Vu par le Sous-Préfet de l'arrondissement de
» Louviers, pour légalisation de signature.

» Louviers, le 14 Mars 1816.

» *Le Sous-Préfet*, Signé BOISJOLIN.

» Vu pour légalisation des signatures d'autre part,
» et comme unissant mes vœux à ceux du Comité
» d'Agriculture et de nos premières fabriques, pour
» voir accorder par le Gouvernement, la protection
» spéciale que (dans l'intérêt public) nous paraissent
» essentiellement mériter les magnifiques troupeaux
» de M. le Comte Charles DE POLIGNAC.

» Evreux, le 15 Mars 1816.

» *Le Préfet du Département de l'Eure*,
» Signé Mis DE GASVILLE. »